去太空
太阳与地球

焦维新　著

彭程远　绘

广西科学技术出版社

我们的目标是星辰大海

近年来，我国的航天事业飞速发展，嫦娥五号从月球取回月壤，载人航天进入空间站时代，天问一号成功切入火星轨道，祝融号火星车成功在火星着陆，深空探测的其他计划也在紧锣密鼓地推进着。

中国航天像一个快速成长的小朋友，不断挑战新任务，不断取得新成绩。

我国航天事业取得的成果，既让国人振奋，也引起人们深入的思考。我的两个孙女就问过我：我们为什么要关注月球、关注火星以及其他更远的天体？探测这些天体究竟有什么必要性？对我国、对人类究竟有什么意义？

为此，我创作了这套图文并茂的书，里面记录了我和孩子们对太空的思考与探讨。

地球、月球、火星以及我们目前主要关注的其他天体都是太阳系天体，这些天体的运行状态以及表面特性都是受太阳约束和影响的。太阳是光和热的源泉，也是维持地球生命的决定性因素。但太阳并不总是对人类友好的，有时也会"发脾气"，即产生一些爆发性活动，这些活动可影响人类的生存环境，影响地球空间各种卫星的性能和可靠性，也影响其他行星的环境和状态。因此，研究太阳的结构以及产生爆发性活动的原因和规律，不仅有重要理论价值，而且有重大的实际意义。

月球是地球唯一的天然卫星。由于它保留了几十亿年以来的表面特征，人们可以据此研究内太阳系天体早期受撞击的历史。另外，月球极区的水冰和其他挥发性物质，对于研究月球的起源和演变都具有重要科学价值。月球还含有氦-3以及其他资源，这些资源的开发和利用，对人类探索更远的天体是十分重要的。

水星、金星和火星都处于内太阳系，为什么与地球诞生地相距很近，可是大气层和表面特征却相差如此之大呢？是"生来"就这样，还是后来受到了特殊事件的影响？了解类地行星演化的过程，对于更好地保护我们地球的环境也是有重要意义的。

科学永远是一个正在进行时的过程，很多问题我们还未找到答案。希望小读者不仅能从这套书中收获知识，还能将书中的知识和自己的观点联系起来，重新思考自己的生活和自己在宇宙中的位置，想象自己未来的无限可能性。人类的深空探测任重而道远，我们的目标是星辰大海。

—— 焦维新

小朋友，你好呀。
我是焦爷爷，我有两个宝贝孙女，她们从小就喜欢围着我问东问西。这套书，就是她们两个"问出来"的哟！我想，这里面也一定有你感兴趣的问题。

今天有难得一见的日全食，我们一起去看看吧！

注：本系列成书于 2021 年 6 月，书中的数据和信息均以此时间前的数据和信息为准。

焦爷爷　　　朵朵　　珠珠

观测日食

今天天空非常晴朗，万里无云，许多人在草地上兴奋地等待着日全食。渐渐地，太阳的右边缺了个角，天色暗了下来。日全食开始了！

日食是怎么回事？

在太空中，地球绕着太阳转，而月球绕着地球转，发生日食就是由于月球运行到了太阳和地球中间，三者恰好成一条直线，月球挡住了太阳的光。

你们可要注意观察，过一会儿，当太阳被月球完全挡住时，可以看到平日看不到的太阳色球层和日冕。

观看日食的小提示

千万别用肉眼直接观看日食，阳光能灼伤你的视网膜！使用墨镜、胶卷、光碟都是不安全的，要用覆有巴德膜的望远镜或者专业日食眼镜。

小孔成像

我们还可以用小孔成像的方法来观测日食。小孔成像的原理和日食一样，即光沿直线传播，不论小孔的形状如何，投射出来的都是和光源呈相反形状的像。

我发现，如果我把纸板举高一点，太阳的像就会变大！

视觉魔法

月球之所以看起来和太阳差不多大，其实是因为一个奇妙的巧合：太阳的直径约是月球的 400 倍，而太阳与地球的距离又是月球与地球的距离的 400 倍左右。近大远小是我们视觉的规律。

本影：阳光被月球阻挡后，在月球后方形成的完全黑暗的区域

半影：在本影周围，有部分光线可以照到的影区

你知道吗？

月球绕地球运行的轨道和地球绕太阳运行的轨道并不在一个平面上，所以只有当月球运行到两个平面的交点时，才有可能发生日食。如果两个轨道在同一个平面上，那农历每月初一（此时月亮运行到太阳和地球之间）就都会发生日食了。

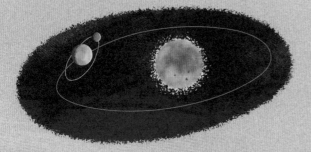

日食的种类

日食发生时，根据月球离地球的远近，以及我们在地球上位置的不同，看到的日食也不同。

日全食　　　日环食　　　日偏食

太阳的结构

色球层、日冕这些词把珠珠搞糊涂了，她问爷爷："太阳不就是一个大火球吗，怎么还那么复杂呢？"

爷爷说："太阳的学问可多着呢！光是太阳的结构我就能讲上一天。太阳有'里三层''外三层'，我们平时看到的太阳其实只是太阳的光球层，因为它太明亮了，掩盖了其他部分的光。"

太阳中心发生的事情

4 个氢原子核

能量

1 个氦原子核

核子熔炉

太阳的光和热都来自它熊熊燃烧的"心脏"，那里的温度高达 1500 万℃，不断发生着核聚变反应。在这个过程中，氢聚合成氦，每秒释放的能量相当于 20 亿颗氢弹同时爆炸！

太阳核心产生的能量，通过辐射区向外传输

对流区

辐射区

核

太阳是由氢气和氦气组成的吗？

是的，但太阳的温度太高，以至于气体都变成了另一种形态，叫作等离子体。

对流区底部物质受热膨胀，上升到表面，把热量传给太阳大气后温度下降，又回到底层，如此循环往复，形成对流，就像烧水的过程一样

光球层是太阳大气的最内层，约 500 千米厚，平均温度约 6000℃，可见光（我们把人肉眼能看见的光称为可见光）几乎都是从这里发出的。

色球层是光球层上面的不规则层，大约有 2100 千米厚。日全食时，可以看到太阳边缘它发出的美丽的玫瑰红色光芒。

日冕是太阳大气的最外层，延伸到数倍太阳半径处。它温度极高，超过 100 万℃，但非常稀薄，发出的光很暗淡。平时科学家会用日冕仪来观测它。

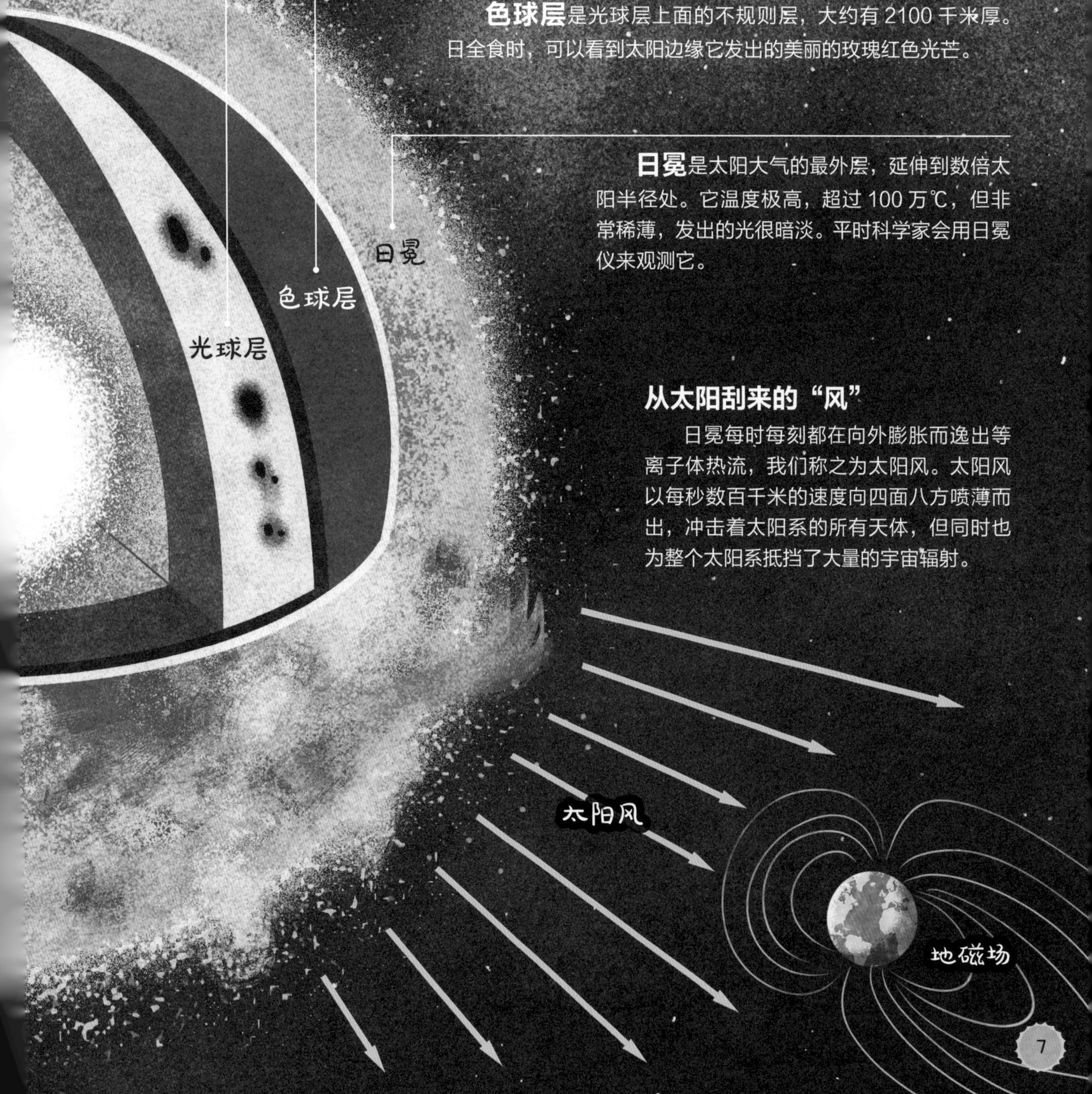

日冕

色球层

光球层

从太阳刮来的"风"

日冕每时每刻都在向外膨胀而逸出等离子体热流，我们称之为太阳风。太阳风以每秒数百千米的速度向四面八方喷薄而出，冲击着太阳系的所有天体，但同时也为整个太阳系抵挡了大量的宇宙辐射。

太阳风

地磁场

太阳黑子是怎么回事?

目睹了日全食的朵朵和珠珠对太阳更加好奇了。意犹未尽的珠珠用望远镜继续观察太阳:"咦,我发现太阳上有一些黑色的斑点,那是什么?"

"我知道,那是太阳黑子!"朵朵抢着说。

"太阳黑子是什么?"珠珠问。

"还是问问爷爷吧。"朵朵把问题推给了爷爷。

太阳黑子是太阳光球层上温度较低的区域,它是磁场聚集的地方——温度低正是因为强磁场阻止了太阳内部的一些热量到达表面。黑子实际上非常明亮,但在周围更热、更亮的区域的对比下,看起来就像是黑色的。

太阳活动

太阳表面十分活跃。太阳大气是带电荷的等离子体,可产生强大的磁场。磁力线也不断纠缠、伸展和扭曲,使太阳表面产生了很多活动,称为太阳活动。太阳黑子是太阳活动的标志。

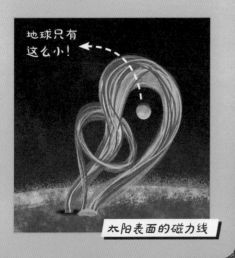

地球只有这么小!

太阳表面的磁力线

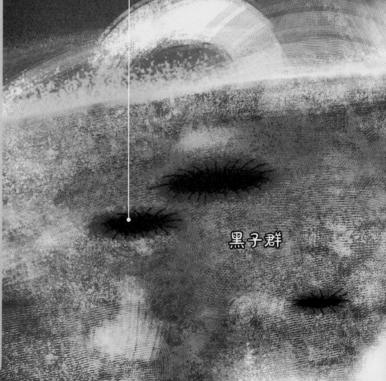

黑子群

日冕环让我们看见了不可见的太阳磁场。太阳表面的强磁场区有时会喷出炽热的等离子体，它们在热的作用下往外跑，但又被磁场约束着，就形成了拱形的环。这些环同时也是太阳磁力线的形状。

日冕环

爷爷，太阳有多少黑子啊？

太阳黑子的数量是会变化的。黑子越多、越大，意味着这个区域的磁能储存得越多，当满足一定条件的时候，就会爆发，把能量突然释放出来。这时我们就说：太阳发怒了。

黑子的数量变化平均以 11 年为一个周期，我今年刚好 11 岁呢！

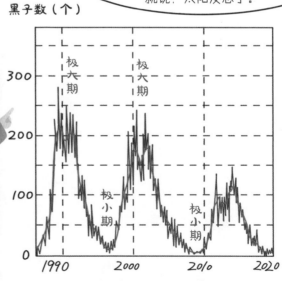

黑子数（个）

300

200

100

0

极大期

极大期

极小期

极小期

1990   2000   2010   2020   年份

不同年份的太阳黑子数

发怒的太阳

"想不到太阳还有脾气呢！"珠珠乐了，"这是怎么回事？"

"这还是跟太阳磁场有关，"爷爷解释道，"当太阳的内部运动使局部磁场扭曲到一定程度之后，就像一根扭曲的橡皮筋突然松开一样，磁场会爆炸性地重新排布，导致剧烈的能量释放。于是太阳就产生了爆发性活动，如太阳耀斑和日冕物质抛射，它们有时会一起发生。"

增强的紫外线、X射线等电磁辐射约8分钟后到达地球，会影响通信和导航系统等

日冕物质抛射

耀斑

太阳高能粒子（接近光速的质子、电子）几十分钟后到达地球，损害卫星和其他航天器，威胁航天员安全

太阳耀斑

太阳耀斑是太阳系最大的爆发事件，表现为太阳表面局部区域突然增亮（但肉眼一般看不见）。一次耀斑能在短短几分钟之内释放出相当于十万至百万次强大火山爆发释放的能量，这时太阳发射的紫外线和X射线的强度成几百倍地增长，质子、电子等带电粒子被加热和加速。

日冕物质抛射

平常我们煮饺子的时候，如果一直盖着锅盖，水蒸气会把锅盖冲开，水也会涌出来。日冕物质抛射就是这个原理：由于太阳日冕中部分磁能转化成热能，受到加热的日冕物质获得很高的能量后会上升，但开始时速度不是很大，太阳表面的磁力线能够把这些物质约束住；随着速度的进一步增大，大量的日冕物质把磁力线"挣断"，像炮弹一样被抛入太空。

磁暴

　　一次大的日冕物质抛射可以抛出约 100 亿吨等离子体，喷发速度可达到每秒 2000 千米。这些携带着太阳磁场的高速等离子体一旦与地球的磁场相撞，会引发全球范围内剧烈的地磁扰动，也就是磁暴。磁暴可能导致卫星失灵、电力系统瘫痪等。有意思的是，它还会让依靠磁场导航的鸽子迷路。

冲击波面

磁层

太阳风

高速等离子体云几天后
到达地球，引发磁暴

地球的保护伞——地磁场

　　地磁场是由地球内部熔融金属的对流运动产生的，从地球内部延伸到太空中。不要小看地磁场，它可是对地球上的生命起着至关重要的保护作用呢！这是因为它能反弹、捕获带电粒子，抵挡太阳风和宇宙射线对地球的攻击。在持续不断的太阳风的"吹拂"下，地磁场形成了一个彗星形状的泡泡，称为磁层。

太阳的色彩

不知不觉间，太阳已经快要落山了。在回家的路上，珠珠又找到了新问题："为什么夕阳格外红呢？"

爷爷没有直接回答："我先考一考你们，天空为什么是蓝色的？"

"我们学过，这是因为空气分子会向四面八方散射阳光中的蓝紫光。"朵朵说。

"没错，"爷爷赞许地点了点头，"太阳光是各种颜色的光的混合体。日落或日出时，阳光在大气中要走比白天更长的路程才能到达我们的眼睛，更多的蓝紫光被散射出去了，剩下的主要是红、橙色的光，所以这时的太阳显得更红。"

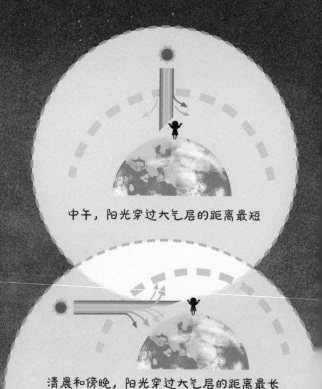

中午，阳光穿过大气层的距离最短

清晨和傍晚，阳光穿过大气层的距离最长

太阳赋予世界色彩

严格来说，物体是没有颜色的，它发出或反射的光进入我们的眼睛，经过大脑处理，才形成了颜色。光有不同的波长，从而有不同的颜色，我们身边的物体反射了阳光中各种波长的光，才有了这个五彩缤纷的世界。

光的色散

1666 年，牛顿首次用三棱镜将太阳光分解成彩色色带。在通过三棱镜时，不同波长的光偏转的角度不同，于是就会分开，这叫光的色散。

小实验

用卡纸和彩笔制作一个七彩圆盘，然后快速旋转它，你会看到什么颜色？

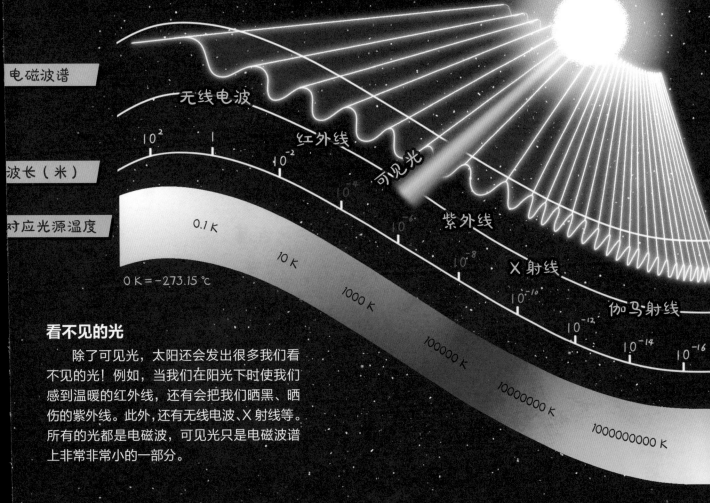

电磁波谱

波长（米）

对应光源温度

无线电波

红外线

可见光

紫外线

X 射线

伽马射线

10^2　1　10^{-2}　10^{-4}　10^{-6}　10^{-8}　10^{-10}　10^{-12}　10^{-14}　10^{-16}

0.1 K

0 K = -273.15 ℃

10 K

1000 K

10000 K

100000 K

1000000 K

10000000 K

1000000000 K

看不见的光

　　除了可见光，太阳还会发出很多我们看不见的光！例如，当我们在阳光下时使我们感到温暖的红外线，还有会把我们晒黑、晒伤的紫外线。此外，还有无线电波、X 射线等。所有的光都是电磁波，可见光只是电磁波谱上非常非常小的一部分。

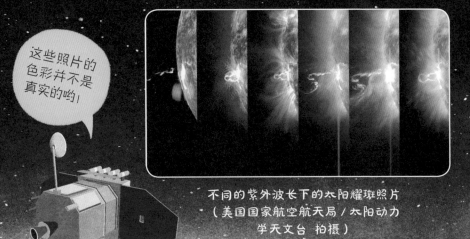

这些照片的色彩并不是真实的哟！

不同的紫外波长下的太阳耀斑照片
（美国国家航空航天局／太阳动力学天文台 拍摄）

多波段观测太阳

　　光的波长越短，能量越大，对应的光源的温度越高。紫外线、X 射线和伽马射线都是从太阳温度极高的区域发出的。由此我们可以推测，如果我们接收到太阳发出了强烈的紫外线或 X 射线，那就说明，太阳的某些区域温度极高，发生了爆发性的事件。所以，观测太阳光谱是监测太阳活动的极好手段。

太阳的生命

日全食已经过去了好儿天，可珠珠对太阳的兴趣丝毫没有减少。她现在知道了，太阳是一颗恒星，也就是自身能发出光和热的天体，地球万物生长都要依靠太阳。于是她犯愁了，问爷爷："太阳是从哪儿来的？还能烧多久？一旦它不亮了，我们人类怎么办？"

爷爷笑着说："别担心，太阳的寿命可比人类长多了，我们来了解一下它的生命吧。"

星云

由氢气、氦气和星际尘埃等组成的巨大而稠密的云团飘浮在宇宙中，这就是太阳和其他恒星诞生的地方——星云。

超新星爆发是什么？

如果一颗恒星的质量很大（达到太阳质量的8倍以上），它死亡时就会剧烈爆炸，称为超新星爆发。这是宇宙中数一数二的壮观景象，爆炸的光足以照亮宇宙。恒星大部分物质被炸散，核心坍缩成为中子星甚至黑洞。

黑洞

超新星   中子星

大约 46 亿年前，临近的超新星爆发产生的冲击波导致星云的一部分坍缩，引力使气体和尘埃向中间聚集成球状体。

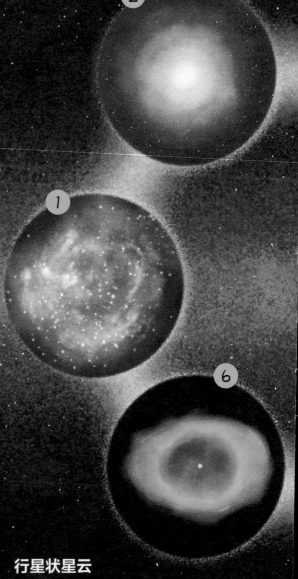

行星状星云

作为红巨星，太阳还能继续燃烧大概10亿年。最终，它的核心坍缩成白矮星；外层物质脱离，形成行星状星云，渐渐消散在宇宙中，可能成为未来恒星的一部分。

原恒星

　　球状体不断旋转收缩，中心形成一个球体，这就是原恒星。它越来越大，压力和温度不断升高，最终引发核聚变，恒星就此诞生。

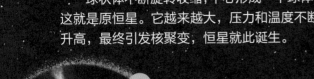

你知道吗？

　　在太阳这代恒星之前，还存在过更古老的恒星。而在恒星诞生之前，宇宙中的元素只有氢、氦和微量的锂，构成我们身体的碳、氧、氮、铁等元素都是在恒星中合成的，并在恒星死亡后散入宇宙。所以从某种意义上说，我们都是古老恒星的孩子！

主序星和恒星系

　　太阳诞生后，围绕着它旋转的物质逐渐聚合成行星和其他天体，形成太阳系。太阳进入主序星阶段，稳定地发出光和热。

红巨星

　　从现在起，大约 50 亿年后，太阳将步入老年：它核心的氢枯竭了；它将开始燃烧外层的氢，膨胀变成不稳定的红巨星。到那时，地球可能会被巨大的太阳吞没。

地球——我们的家园

　　听完太阳诞生的故事，朵朵不禁感慨道："宇宙真是太奇妙了，这么广阔的宇宙中，真的没有像我们一样的其他生命存在吗？"

　　"目前地球是唯一已知有生命的地方，"爷爷回答，"不过，我们对宇宙的了解只是沧海一粟，所以谁也不能下定论。但生命的存在也不是那么简单的，我之前提到了地磁场对维持生命的重要性，除此之外，还有各种各样的条件。"于是爷爷给姐妹俩讲起地球的诸多奥秘。

适宜的温度

　　地球位于太阳系的适居带内。所谓适居带，就是恒星系中不太热也不太冷的区域，正好可以让行星表面有液态水存在。如果行星距离恒星太近，液态水会蒸发；若距离恒星太远，水就会结成冰：这都不利于生命存在。

水星太热

金星太热

地球温度
刚刚好

火星太冷

水圈

　　液态水是维持生命存在的最重要的条件，我们的身体大部分是由水构成的。地球是一个富含水的星球，表面大约71%被水覆盖。海水在太阳的照耀下，蒸发成云，又形成雨降下，随着河流汇入大海，这就是水循环。

大气圈

地球拥有稠密的大气层，其主要成分也适于生命存在：约78% 氮气，约 21% 氧气，少量的二氧化碳、水蒸气、稀有气体和杂质。大气不仅保障生物呼吸，还像保暖毯一样包裹着地球。

二氧化碳、水蒸气等温室气体能吸收来自太阳和地表的红外辐射，使地表温度维持在一个适宜生物生存的范围内。这原本是有益的，但人类排放了太多温室气体，造成了全球变暖。

高空中的氧气受紫外线照射后形成了臭氧层，臭氧吸收了大量的紫外线，让阳光不至于对我们造成伤害。

岩石圈

地球是一颗固态行星，拥有坚实的岩石地表，为生物体提供了稳定的居所。岩石圈和水圈、大气圈以及生物相互作用，使生命所需的物质循环交换，并形成了丰富的矿产资源和化石能源，这是现代科技社会的基础。

地球空间

了解了大气层后，珠珠问：“那大气层以上是不是就算是太空了？”

爷爷摇摇头，说：“其实大气层和太空之间并没有一个明确的界限，在 10 万千米的高空仍然有空气粒子存在。所以人们根据航天器飞行的最低高度，规定海拔 100 千米为太空的起点。不过呢，在距离地面约 60 千米以上，又进入了一个新的区域——地球空间。”

人造
地球卫星

地球空间和空间天气

地球空间指的是地球周围受太阳活动直接影响的区域，包括地球的中高层大气、电离层和磁层。科学家给瞬时或短时内太阳表面、太阳风和地球空间的状态起了一个形象的名字，叫作空间天气。太阳耀斑、日冕物质抛射和磁暴都属于恶劣空间天气。

极光

航天飞机

100 千米

空间天气的“显示屏”

极光是唯一在地面上肉眼可见的空间天气现象，它提醒着我们太阳和地球的联系。当太阳发出的大量高速带电粒子撞击地磁场时，地球的磁力线像漏斗一样使其中一部分进入南北两极，撞击高层大气，使气体激发出绚丽多彩的光。

流星

热气球

商用客机

看到壮观的极光，我们就知道太阳大发雷霆了！发生超级磁暴的时候，甚至在赤道附近都能看见极光。

大气层的结构

按照温度变化的规律来划分，可以把大气层分成对流层、平流层、中间层、热层和逃逸层5层。风云雷电等各种天气现象发生在对流层，臭氧层位于平流层。而如果按照电离状态划分，大气层则可以分成中性层、电离层和磁层。

磁层

磁层的下边界距离地面600～1000千米，而面向太阳一侧的磁层顶距地面约6万千米。磁层内的空气分子被完全电离了，其运动主要受地磁场控制。当太阳发怒时，向阳侧的磁层会被压缩得更窄，使地球同步轨道卫星暴露在太阳风下。

磁层

逃逸层

空间站

热层

电离层

电离层

在距离地球表面约60千米以上，太阳发出的紫外线和X射线等将空气分子部分电离，就形成了电离层。电离层能反射、折射、散射无线电波，飞机和地面联络、地面远程通信等都要依靠它。

中间层

平流层

中性层

对流层

人造地球卫星

说到地球空间，焦爷爷就不得不说说在其中运行的各种航天器了。"航天器有人造卫星、载人飞船、空间站等。卫星是发射数量最多、用途最广的，当然也跟我们关系最密切，"爷爷说，"不管是手机导航还是天气预报，都是靠它们实现的。现在呀，我们的生活和科学研究都越来越离不开卫星了。"

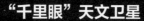

"千里眼"天文卫星

天文卫星用于观测宇宙天体和其他空间物质。在离地面几百千米或更高的地方，没有了大气的干扰，它们能捕捉到遥远天体发出的非常微弱的光。天文卫星中最著名的要数哈勃空间望远镜，它拍摄了无数令人惊叹的天体图片，深刻地改变了我们对宇宙的认识。

卫星通过无线电波来和地面传输信息

导航卫星系统

我们几乎每天都会用到的导航卫星系统是由几十颗卫星组成的，比如 GPS（全球定位系统）包括 24 颗卫星，我国的北斗三号全球导航系统由 30 颗卫星组成。我们的手机利用至少 4 颗卫星的轨道数据和信号到达的时间差，就能够迅速计算出我们在地球上所处的位置及海拔高度。

太空垃圾

自 1957 年苏联成功发射第一颗人造卫星之后，人类已经向太空中发射了约 9000 个航天器，它们绝大多数都运行在地球空间中。那些废弃的、解体的航天器，以及它们碰撞产生的碎片估计超过 8000 吨，对航天和天文观测造成了越来越大的威胁，人们计划发射垃圾清理卫星来清理它们。

"遥感器"地球观测卫星

地球观测卫星包括气象卫星、地球资源卫星、海洋观测卫星等，它们为我们提供了从太空俯瞰和研究地球的平台。它们不仅可以拍摄地球表面和大气层的图像，还能接收红外线、微波等各种电磁波，监测地球的状况，预防危机产生。

在太空中建房子

早饭过后，朵朵和珠珠就守在电视机前，今天家里的头等大事就是观看天和号发射。

"2021年4月29日11时23分，天和号核心舱成功发射升空了！我国正式开始建设天宫空间站啦！"爷爷看着报道激动地说。

新闻播完，珠珠就急不可待地问爷爷："空间站是干什么的？"

爷爷笑着说："你看了半天也没看出个名堂来！空间站的用途可大了，它既是航天员在太空中的家，又是空间实验室和空间技术试验场。它能帮助我们走得更远，走向火星或更远的深空。"

空间站的历史

最早的空间站是苏联发射的礼炮1号空间站，它是单模块空间站，能够容纳3个人。首个多模块空间站是苏联建的和平号空间站，它运行了15年。现在的空间站都是多模块的，由航天运载器分批将各组件送入太空，组装起来，就像搭积木一样。

桁架

太阳能电池板

国际空间站

国际空间站是目前规模最大的空间站，大约和足球场一般大，各舱段和设备都连接在中央桁(héng)架上。它由美国、俄罗斯、日本、加拿大等国共同搭建了10多年才正式投入使用，可以容纳7个人长期工作。

天宫空间站

天宫空间站由中国独立建造、自主运营，计划由一个核心舱和两个实验舱组成，根据需要还可以增加新的舱段。天宫的第一批空间科学实验和技术试验项目将与 17 个国家合作，未来还会有很多次实验项目征集。如果一名科学家的点子通过了层层选拔，他就有机会作为载荷专家到空间站去操作自己的实验。

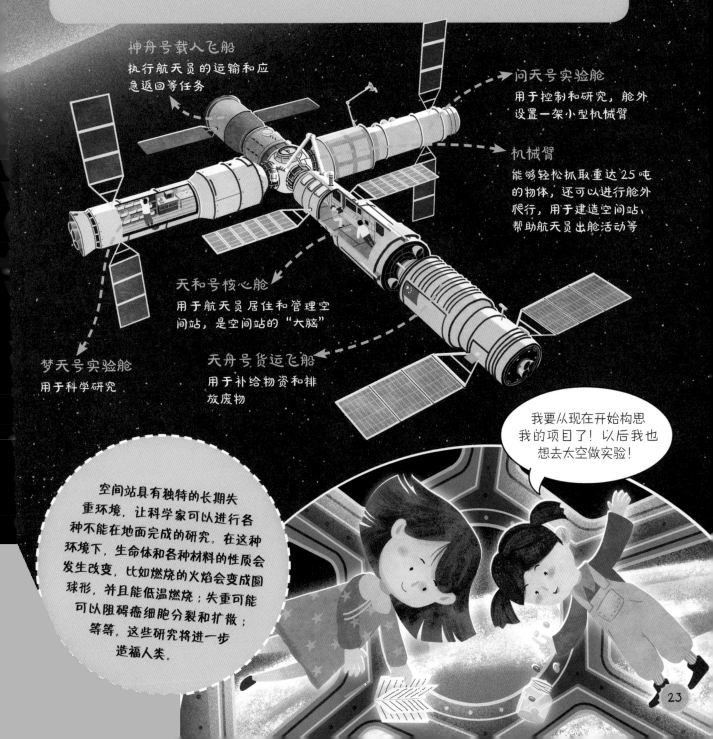

神舟号载人飞船
执行航天员的运输和应急返回等任务

问天号实验舱
用于控制和研究，舱外设置一架小型机械臂

机械臂
能够轻松抓取重达 25 吨的物体，还可以进行舱外爬行，用于建造空间站、帮助航天员出舱活动等

天和号核心舱
用于航天员居住和管理空间站，是空间站的"大脑"

梦天号实验舱
用于科学研究

天舟号货运飞船
用于补给物资和排放废物

我要从现在开始构思我的项目了！以后我也想去太空做实验！

空间站具有独特的长期失重环境，让科学家可以进行各种不能在地面完成的研究。在这种环境下，生命体和各种材料的性质会发生改变，比如燃烧的火焰会变成圆球形，并且能低温燃烧；失重可能可以阻碍癌细胞分裂和扩散；等等。这些研究将进一步造福人类。

23

图书在版编目（CIP）数据

太阳与地球 / 焦维新著；彭程远绘. —南宁：广西科学技术出版社，2021.6（2024.7重印）

（去太空）

ISBN 978-7-5551-1617-2

Ⅰ.①太… Ⅱ.①焦… ②彭… Ⅲ.①太阳—儿童读物②地球—儿童读物 Ⅳ.①P182-49②P183-49

中国版本图书馆CIP数据核字（2021）第120554号

TAIYANG YU DIQIU

太阳与地球

焦维新　著　　彭程远　绘

策划编辑：蒋　伟　王艳明　邓　颖　　　　责任编辑：蒋　伟　王艳明

书籍装帧：于　是　　　　　　　　　　　　责任印制：高定军

出版人：岑　刚　　　　　　　　　　　　　出版发行：广西科学技术出版社

社　　址：广西南宁市东葛路66号　　　　　邮政编码：530023

电　　话：010-65136068-800（北京）

传　　真：0771-5878485（南宁）

印　　刷：雅迪云印（天津）科技有限公司

地　　址：天津市宁河区现代产业区健捷路5号

开　　本：850mm×1000mm　1/16

印　　张：4.5（全3册）

版　　次：2021年6月第1版　　　　　　　　字　　数：50千字（全3册）

书　　号：ISBN 978-7-5551-1617-2　　　　 印　　次：2024年7月第2次印刷

定　　价：60.00元（全3册）